植物有故事，植物不

热带植物有故事

海南篇

花卉 · 南药 · 棕榈 · 水果 · 香料饮料 · 珍稀林木

崔鹏伟 张以山等 / 主编

图书在版编目（CIP）数据

热带植物有故事. 海南篇. 水果 / 崔鹏伟，张以山主编. — 北京：中国农业出版社，2022.8
ISBN 978-7-109-30576-2

Ⅰ. ①热… Ⅱ. ①崔… ②张… Ⅲ. ①热带植物－海南－普及读物 Ⅳ. ①Q948.3-49

中国国家版本馆CIP数据核字（2023）第057314号

热带植物有故事・海南篇　水果
REDAI ZHIWU YOU GUSHI・HAINAN PIAN　SHUIGUO

中国农业出版社出版
地址：北京市朝阳区麦子店街18号楼
邮编：100125
特邀策划：董定超
策划编辑：黄　曦　　　责任编辑：黄　曦
版式设计：水长流文化　　　责任校对：吴丽婷
印刷：北京中科印刷有限公司
版次：2022年8月第1版
印次：2022年8月北京第1次印刷
发行：新华书店北京发行所
开本：710mm × 1000mm　1/16
总印张：28
总字数：530千字
总定价：188.00元

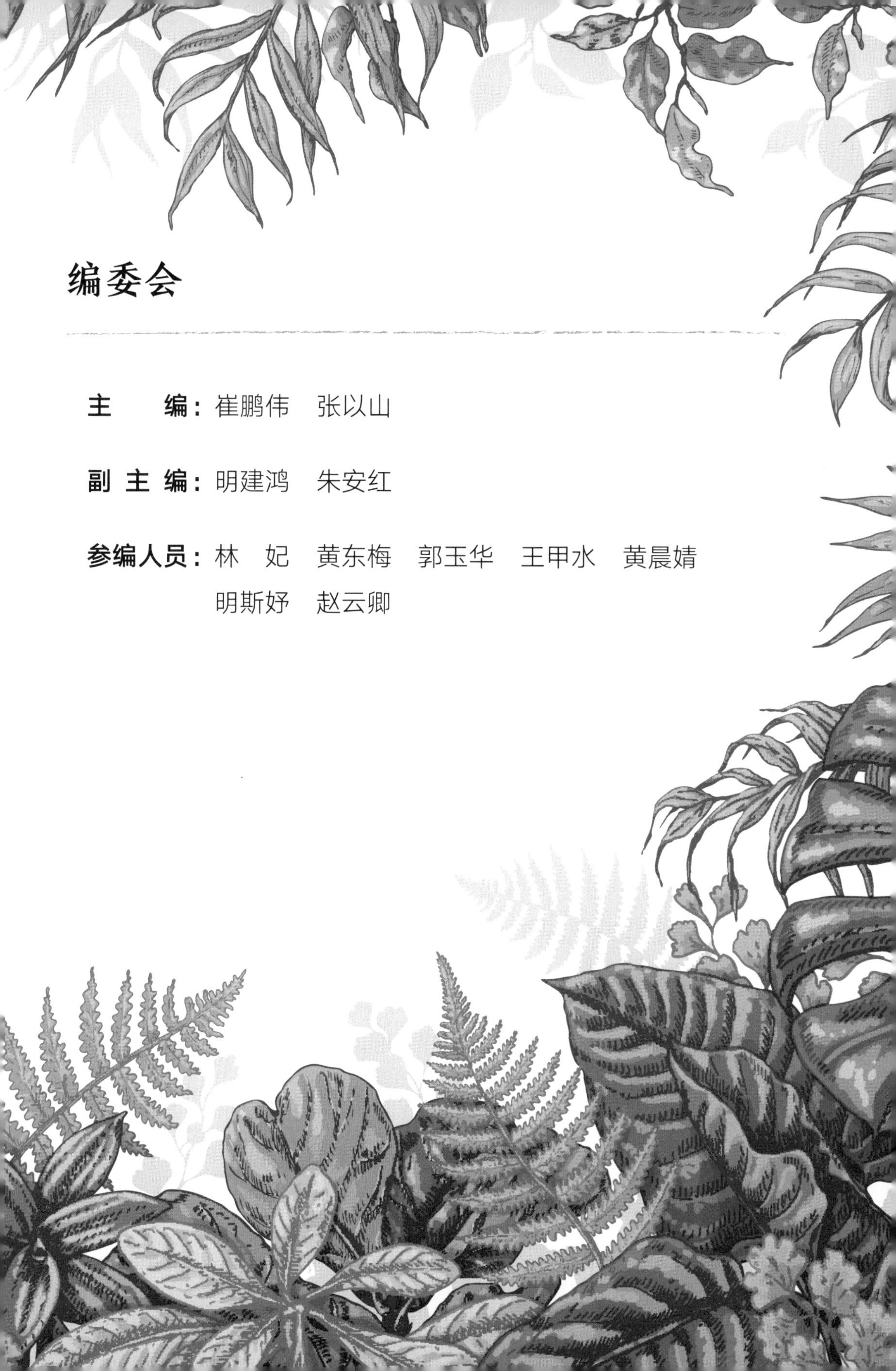

编委会

主　　编：崔鹏伟　张以山

副 主 编：明建鸿　朱安红

参编人员：林　妃　黄东梅　郭玉华　王甲水　黄晨婧
明斯妤　赵云卿

前言

PREFACE

海南植物有故事

我国是世界上植物资源最为丰富的国家之一，约有 30 000 种植物，占世界植物资源总数的 10%，仅次于世界植物资源最丰富的马来西亚和第二位的巴西，居世界第三位，其中裸子植物 250 种，是世界上裸子植物种类最多的国家。

海南植物种类资源丰富，已发现的植物种类有 4 300 多种，占全国植物种类的 15% 左右，有近 600 种为海南特有。花卉植物 859 种，其中野生种 406 种，栽培种 453 种，占全国花卉植物种类的 10.8%；果树植物 300 多种（包括变种、品种和变型），占全国果树植物种类的 8.5%；《海南岛香料植物名录》记载香料植物 329 种，占全国香料植物种类的 25.3%；药用植物 2 500 多种（有抗癌作用的植物 137 种），占全国药用植物种类的 30% 左右；棕榈植物 68 种，占全国棕榈植物种类的 76.4%。

在众多植物资源中，许多栽培历史悠久的经济作物，生产的产品包括根、茎、叶、花、果等，不仅具有较高的营养价值和药用价值，还具有很高的观赏、生态和文化价值。古籍典故和不少诗词中，都有关于植物的记载。

中国热带农业科学院为农业农村部直属科研单位，长期致力于热带农业科学研究，在天然橡胶、热带果树、热带花卉、香料饮料、南药、棕榈等种质资源收集、创新利用中取得了显著的科研成果，对发展热带农业发挥了坚实的科技支撑作用。为保障我国战略物资供应和重要农产品有效供给、繁荣热区经济、保障热区边疆稳定、提高农民生活水平，做出了卓越贡献。

为更好地宣传普及热带植物的知识，中国热带农业科学院组织专家编写了《热带植物有故事 · 海南篇》（花卉、水果、南药、香料饮料、棕榈、珍稀林木）。

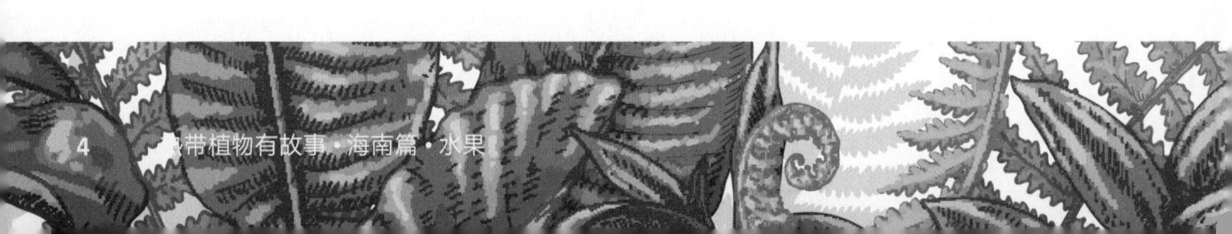

本套书共六分册，收集了热带地区具有故事性的热带植物品种近两百种，每个品种分植物的基本概况、与植物相关的文化故事两个主题进行编写，以植物品种介绍为基础，图文并茂，并附赠科普小视频，能够让广大读者更直观地认识各种热带植物，了解更多的与植物相关的文化故事，是一套颇具知识性、趣味性的热带植物科普读物，具有较高的学习价值和参考价值。

刘旭

2022 年 8 月

目录

CONTENTS

人心果

Manilkara zapota (Linn.) van Royen

一 植物档案

人心果别称沙漠吉拉、吴凤柿、奇果，山榄科铁线子属热带常绿乔木植物。因其果实外形像人的心脏，故名人心果。果实成熟后呈灰色或锈褐色，采摘后催熟除去外皮和果囊才能食用，果肉黄褐色、柔软。根据果实形状将其分为4个品种，广东主要栽培的是椭圆形果品种，产量高；海南主要栽培的是圆形果品种。人心果原产于墨西哥尤卡坦州和美洲、中美洲热带地区，东南亚各国和印度等常作商业性栽培。我国最早于20世纪初从东南亚国家引种，主要分布于海南、云南、广东、广西、福建等省（自治区）。

二 植物有故事

人心果树最初生长在中美洲的丛林中，玛雅人和阿兹特克人都有咀嚼人心果树脂的习惯。第二次工业革命后，人们对橡胶的需求与日俱增，要解决供给不足的问题，就要找到橡胶的替代品。19 世纪 60 年代中期，墨西哥前总统安东尼奥·洛佩斯·德·桑塔·安纳将军把人心果树胶带到了纽约，交给了托马斯·亚当斯，想用人心果树胶来替代天然橡胶。但人心果树胶却始终无法代替橡胶。当时托马斯·亚当斯的儿子霍雷肖发现有人咀嚼人心果树胶，父子俩便突发奇想，开发出人心果树胶咀嚼产品，于是风靡全球的“口香糖”进入了人们的生活。

菠萝

Ananas comosus (Linn.) Merr.

一 植物档案

菠萝别称凤梨、黄梨，凤梨科凤梨属草本植物。菠萝果实肉质，似松果状复果，多呈圆筒形，果肉金黄。常见的品种有巴厘菠萝、金菠萝、金钻凤梨等。菠萝富有营养，包含大量的果糖、葡萄糖、维生素、纤维素、柠檬酸和蛋白酶等物质，酸甜多汁，深受人们喜爱，是岭南四大水果之一。菠萝朊酶是菠萝中特有的一类物质，能分解蛋白质，帮助消化，稀释血脂，消除炎症和水肿，促进血液循环；这也是食用菠萝引起舌头发麻的物质之一。菠萝原产于巴西、阿根廷及巴拉圭的热带山地。我国菠萝栽培已有 400 多年的历史，栽培地主要集中在海南、福建、广东、广西等地。

二 植物有故事

菠萝原产于美洲的巴西、阿根廷及巴拉圭的热带山地，公元 1492 年，哥伦布登上西印度群岛时就已看到岛上村庄辟有大片菠萝园。我国的菠萝在 16 世纪中期由葡萄牙传教士带到澳门，然后引种到华南等地。因菠萝的果皮上带有的六边形和佛教中的佛祖头部的螺髻十分相似，因此得名“波罗蜜”。后来，东南亚传入了真正的波罗蜜，为了区分，实际上是菠萝的“波罗蜜”改名为“波罗”。清朝嘉庆年间的《正音撮要》首次给“罗”字加上了“草字头”，因此正式改名为“菠萝”。据记载：“果生于叶丛中，果皮似波罗蜜而色黄，液甜而酸，因尖端有绿叶似凤尾，故名凤梨。”另外，“凤梨”在闽南语中的发音近似“旺来”，象征子孙旺旺而来。

手指柠檬

Citrus australasica (F. Muell.) Swingle

一 植物档案

手指柠檬别称指橙、指来檬、鱼子柠檬，芸香科柑橘属灌木植物。手指柠檬果实有黄、红、粉红、紫、黑、蓝、绿多种颜色，果肉由鱼子大小的微粒组成，色、香、味(酸)俱佳，果粒口感爽脆，号称柠檬家族中的极品，备受全球名厨

青睐。手指柠檬原产于澳大利亚东部和新几内亚的东南部，法国、美国、日本等少数国家将其引入种植园中进行栽培，我国于 1977 年首次从美国引入种植。

二 植物有故事

手指柠檬形如其名，因只有人类的手指大小而得名“指橙”。成熟果实表皮会散发出一股柠檬般的清香气息，红色的手指柠檬果实外形酷似红薯，又如饱满的香肠。因其果皮包裹着许多鱼子般大小的微粒果肉，一粒粒闪耀着晶莹的光泽，乍看好似鱼子酱，口感和长相都与鱼子酱相似，并且由于对生境要求高、种植面积小、价值高，被誉为“来自森林的鱼子酱”。

香橼

Citrus medica Linn.

一 植物档案

香橼别称枸橼、枸橼子，芸香科柑橘属灌木或小乔木植物。香橼果实为类椭圆形或类球形，皮生绿熟黄，带油胞点，多有贯穿底部到顶部的棱起，有乳突，味酸或略甜，有香气。成熟干燥的果实为名贵中药材，药用历史悠久，具疏肝理气、宽中、化痰的功效，药食同源，为历代医家重视。其种质资源丰富，种内变异极大，果实性状差异显著，全世界约 20 种，我国含引进栽培的约 15 种，主要分布在海南、江苏、浙江、福建、云南、湖北、湖南、广东、广西、四川等地。

二 植物有故事

柑橘家族起源于喜马拉雅地区，我国云南的西南部、印度的阿萨姆地区及相邻的区域是起源的中心区域。香橼也叫枸橼，它与柚和宽皮橘是柑橘家族的“三大元老”，其中香橼被认为是这“三大元老”中最年长的物种，在距今600万年前，香橼就出现在地球上了。香橼的栽培史在中国已有二千余年。东汉时杨孚《异物志》（公元1世纪后期）称之为枸橼。唐、宋以后，多称之为香橼。北宋苏颂的《本草图经》记载：“枸橼，如小瓜状，皮若橙，而光泽可爱，肉甚厚，切如萝卜，虽味短而香氛，大胜柑橘之类。陶隐居云性温宜人，今闽、广、江西皆有，彼人但谓之香橼子，或将至都下，亦贵之。”

千指蕉

Musa chiliocarpa Backer ex K. Heyne

扫描二维码
了解更多

一 植物档案

千指蕉别称象鼻蕉、千层蕉，芭蕉科芭蕉属高大草本植物，为芭蕉科芭蕉属家族的一员。花序开花、结果，由上而下不断延伸，边开花、边结果，因此在一串果序中常会看到上层果实已经成熟，下面的花序还在持续开花的迹象。有资料记载，千指蕉的果序最长为 2 ～ 3 米，这可谓是芭蕉科中的奇葩。原产印度尼西亚及马来西亚等东南亚地区，我国海南、云南等地有种植。适宜在景区、公园、庭院栽培，颇具观赏价值，是趣味性、观赏性较强的景观植物，偶尔可见成熟的果实被鸟儿或松鼠食用。

二 植物有故事

千指蕉开花的时候花序轴会一直向下延伸，虽然名为“千层蕉”，但不代表它的果实会有一千层，马来西亚及新加坡等东南亚国家，更是不乏单株超过一千五百个果实的纪录，被当地称为“香蕉王者”。千指蕉果实数量较多，外形形似手指，长而小，与它英文俗名“Thousand Finger”（千指）名实相符！

山竹

Garcinia mangostana Linn.

扫描二维码
了解更多

一 植物档案

山竹别称莽吉柿、山竺、山竹子、倒捻子，藤黄科藤黄属常绿乔木植物。山竹果实呈球形，成熟时果皮紫红色，间有黄褐色斑块。其果肉白色、瓢状多汁，富含蛋白质、糖类、维生素B等，具有清热降火、美肤的功效；果皮有治疗腹泻、痢疾的功效。山竹为著名的热带水果，被誉为“热带果后”。原产于印度尼西亚的马鲁古，在亚洲和非洲热带地区广泛栽培，在我国海南、云南、福建、广东等地均有种植。

二 植物有故事

最早记录出现在郑和下西洋时期，马欢在《瀛涯胜览》中曾记载，“爪哇，果有芭蕉子、莽吉柿、西瓜、郎级之类。其莽吉柿如石榴样，皮内如橘囊样，有白肉四块，味甜酸，甚可食。”事实上，莽吉柿来源于马来语“mangis”，马欢按音译记录了下来。至于现在常用的“山竹”这个名字，是因为山竹树枝干上有明显的节和纵棱，形似竹子而得名。在明清到民国时期，大量华侨下南洋的时候，在开辟荒野时，发现了这种硬壳可口的浆果，根据其植株枝干的样貌将之命名为山竹。

火龙果

Hylocereus undulatus (Haw.) D.R.Hunt.

一 植物档案

火龙果别称红龙果、仙蜜果、情人果。仙人掌科量天尺属多肉植物。火龙果果实主要呈椭圆形，直径 10~12 厘米，因品种差异外观有红色、黄色和绿色，有绿色圆角或者三角形的叶状体，果肉为白色、红色或黄色，种子为黑色。火龙果按果皮及果肉颜色分有紫红皮白肉、红皮红肉、黄皮白肉、绿皮白肉。原产于北美及中南美洲地区。20 世纪 90 年代初我国引进火龙果进行试种，海南、广东、广西、云南等省（自治区）均有种植。

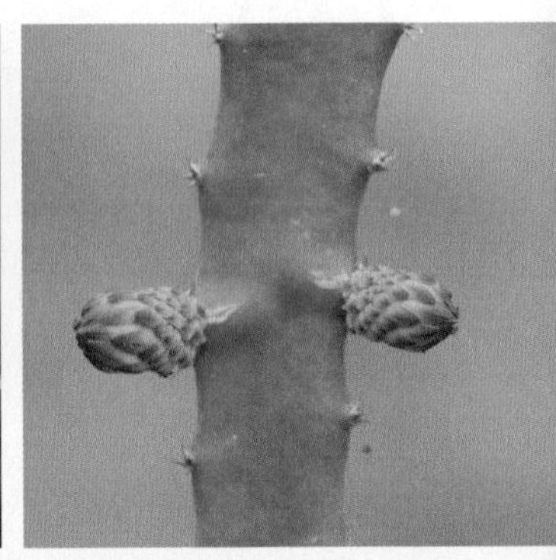

二 植物有故事

在北美洲南部的墨西哥，生活着一支阿兹特克族人。他们把火龙果视为神圣的果实，认为它代表着无穷无尽的营养和强劲的力量。传说一位年轻姑娘误闯入沙漠后迷失方向无法走出，终因体力不支而晕倒在沙漠量天尺旁，濒死之际，冥冥之中耳边有人指引，让她食用身边量天尺的果实。姑娘挣扎着摸到了一颗果实，本能地咬了下去，发现其味道清新且甘甜。有了水分和糖分的补给，这位阿兹特克姑娘奇迹般很快就恢复了神智，全身充满了力量，成功走出了沙漠。而挽救了她的生命的量天尺就是火龙果。从此，火龙果的精神力量便延续了下来，阿兹特克族人更奉之为“神仙果”。

龙眼

Dimocarpus longan Lour.

一 植物档案

龙眼别称桂圆、龙目、比目，无患子科龙眼属常绿乔木植物。其果实近球形，通常为黄褐色或灰黄色，外皮稍粗糙，或少有微凸的小瘤体，果肉白色，种子茶褐色，光亮，全部被肉质的假种皮包裹。常见的龙眼品种有储良、石硖、粉壳、红壳龙眼等。龙眼为“南国四大果品”之一，是药食双重功效的植物，素有“南方人参”的美誉，是久负盛名的果中珍品。龙眼原产于我国南部和越南北部的南亚热带区域。我国龙眼栽培面积和产量均居世界首位，海南、福建、广东、广西等省（自治区）是主产区，其中以福建省的栽培面积最大、质量最好，产量占全国的一半以上。

二 植物有故事

龙眼的栽培历史可追溯到 2 000 多年前的汉代。最早文献记载见于《后汉书·南匈奴列传》。书中记述："汉乃遣单于使，令谒者将送……橙、橘、龙眼、荔支（枝）。"此后，龙眼在许多古籍中都有记载，如北魏（公元 386—534 年）贾思勰的《齐民要术》云："龙眼一名益智，一名比目。"古时龙眼被列为重要贡品，宋代，龙眼已在泉州普遍种植。北宋泉州府同安县人苏颂所著的《本草图经》（公元 1061 年）载："龙眼生南海山谷，今闽、广、蜀道出荔支（枝）之处皆有之。"明黄仲昭《八闽通志》记述："龙眼树似荔支（枝），而叶微小……皮黄褐色……荔支（枝）才过，龙眼即熟，故南人目为荔支（枝）奴。泉州府诸县皆有，郡中（今鲤城区、丰泽区）尤盛。"直到 18 世纪后，龙眼才由我国传到印度和南亚其他地区。

龙眼的主要品种

储良龙眼

粉壳龙眼

红壳龙眼

石硖龙眼

石榴

Punica granatum Linn.

一 植物档案

石榴别称安石榴、若榴、丹若，石榴科石榴属常绿乔木植物。石榴浆果呈球形，顶端有宿存花萼裂片，果皮厚；种子多数，外种皮肉质半透明，多汁，具有很高的营养价值和药用价值。主要石榴品种有白石榴、黄里石榴、玛瑙石榴、重瓣石榴等。石榴原产巴尔干半岛至伊朗及其邻近地区，全世界热带至温带地区均有种植。我国栽培石榴的历史，可上溯至汉代，据记载是张骞从西域引入。三江流域海拔 1 700 ~ 3 000 米的察隅河两岸的荒坡上分布有大量野生古老石榴群落。

二 植物有故事

石榴于公元前 2 世纪传入中国。“何年安石国，万里贡榴花。迢递河源道，因依汉使槎。”据晋张华《博物志》载：“汉张骞出使西域，得涂林安石国榴种以归，故名安石榴。”

关于石榴的来历，相传女娲氏炼石补天时，将一块红色的宝石失落在骊山脚下。有一年，安石国（安国指现在乌兹别克斯坦的布哈拉，石国指塔什干）王子打猎，在山林里看到一只快要冻死的金翅鸟，急忙把它抱回宫中治疗。金翅鸟得救后，为报答王子的救命之恩，不远万里，将骊山脚下的那块红宝石衔到安石国的御花园，不久后，那里长出一棵花红叶茂的奇树，安石国国王便给它赐名“安石榴”。

在中国传统文化中石榴是吉祥如意的象征，它的果实里面有许多籽，寓意多子多福，所以将其赠予结婚新人，寓意多子多福。石榴花色鲜红，果实亦是鲜红，寓意红红火火，象征着人们的生活和事业蒸蒸日上。因此许多人在家里的庭院中种植石榴，有旺人丁之寓意。

甘蔗

Saccharum officinarum Linn.

一 植物档案

甘蔗别称薯蔗、糖蔗、黄皮果蔗，禾本科甘蔗属多年生高大实心草本植物。甘蔗根状茎粗壮发达，茎秆圆柱形，茎直立、分蘖、丛生、有节，节上有芽；节间实心，外被有蜡粉，有紫、红或黄绿色等；叶子丛生，叶片有肥厚白色的中脉。甘蔗原产于印度，现广泛种植于热带及亚热带地区。全世界有一百多个国家出产甘蔗，其种植面积最大的国家是巴西，其次是印度，中国位居第三；我国广西、海南、云南等南方热带地区广泛种植。

二 植物有故事

李时珍曾在《本草纲目》中说：“蔗，脾之果。其浆甘寒，能泻火热。煎炼成糖，则甘温而助湿热。”自古以来大家就知道蔗浆消渴解酒。前人只知酒与蔗共食可生痰，难道不知它还有解酒除热之功效吗？又说砂糖能解酒醉，殊不知如经煎炼，便会助酒为热，与生甘蔗浆的本性完全相反了。《晁氏客话》讲道：“甘草遇火则热，麻油遇火则冷，甘蔗煎饴则热，水成汤则冷。”

芒果

Mangifera indica Linn.

一 植物档案

芒果别称杧果、檬果、闷果、庵波罗果，漆树科芒果属常绿乔木植物。芒果果实呈肾脏形、鸡蛋形、圆形和心形；果皮有浅绿色、黄色、深红色；果肉为黄色，有纤维，味道酸甜不一。常见的芒果品种有热农 1 号、凯特、台农 1 号、金煌、贵妃等。果肉富含多种维生素与矿物质，具有祛痰止咳、止晕、抗癌、防治心脑血管功效，被誉为“热带水果之王”。芒果原产于亚洲东南部的热带地区。我国海南、广西、云南、四川、广东等地广泛种植，产业规模位居世界第二位，已成为我国热带地区果农增收致富的支柱产业。中国热带农业科学院选育了热农 1 号等优良品种。

二 植物有故事

芒果古称庵波罗果，源于梵文 āmra。更早的语源来自印度南部的泰米尔语。传说释迦牟尼就曾在芒果树下乘凉。4 000 多年前，芒果就已在印度种植，印度佛教史上知名的吠舍离城的庵罗树园精舍，就设在芒果树林里。

芒果的主要品种

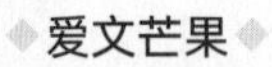

爱文芒果

白象牙芒果

贵妃芒果

广西桂七芒果

海顿芒果

红象牙芒果

金煌芒果

凯特芒果

热农 1 号芒果

紫象牙芒果

红毛丹

Nephelium lappaceum Linn.

扫描二维码
了解更多

一 植物档案

红毛丹别称毛荔枝、韶子、红毛果，无患子科韶子属常绿乔木植物。红毛丹果阔椭圆形，红黄色，果肉为黄白色，汁多味甜爽脆，富含柠檬酸、维生素、氨基酸、碳水化合物、葡萄糖、蔗糖等多种物质。为著名的热带水果，在泰国红毛丹有“果王”之称。红毛丹有红果和黄果两类，主栽品种有保研1号、2号、3号、4号、5号和7号等。红毛丹原产于马来半岛，东南亚各国，如泰国、斯里兰卡、马来西亚、印度尼西亚、新加坡、菲律宾有生产，美国夏威夷和澳大利亚也有栽培。我国的海南有种植，云南西双版纳有野生红毛丹。

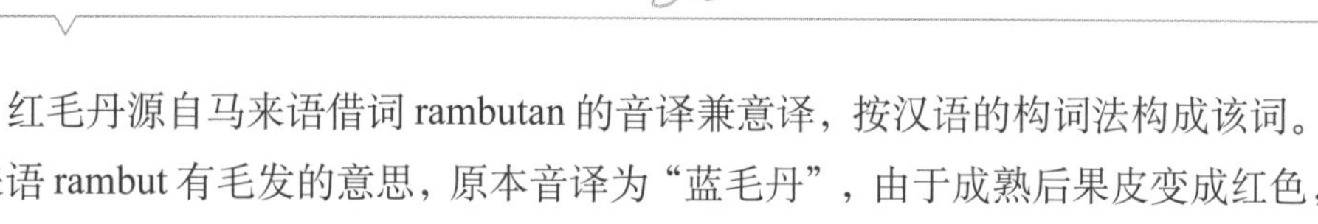

二 植物有故事

红毛丹源自马来语借词 rambutan 的音译兼意译，按汉语的构词法构成该词。马来语 rambut 有毛发的意思，原本音译为“蓝毛丹”，由于成熟后果皮变成红色，因此意译为长着头发的红色果子，即“红毛”。“丹”则音译自“rambutan”的“tan”。

1941 年，徐悲鸿为友人挥笔，画成红毛丹图，并题诗一首：吾慕韩夫子，卜筑山之麓，宁静识物理，花果满其谷，甘美无比伦，饱食畅所欲，太平他年事，岁暮亦何速，暂别当再来，结聆效劳躅。题尾写到：日啖红毛丹百颗，不妨长作炎方人。表达了徐悲鸿流离南洋时，展现出的入乡随俗，怡然自得，处之泰然的豁达情怀。

西番莲

Passiflora edulis Sims

扫描二维码
了解更多

一 植物档案

西番莲别称百香果、鸡蛋果，西番莲科西番莲属多年生藤本植物。西番莲果实为浆果，多汁液，色泽橙黄，因富含多种水果香气而得名百香果，这是大家更为熟悉的名字，有“果汁之王”美称。常见的品种有台农百香果、黄金百香果、满天星百香果等。西番莲可供鲜食、加工、药用和观赏。原产于热带美洲，广植于热带和亚热带地区，我国南方热区包括海南、广西、广东、福建、贵州、云南等地均有分布。

二 植物有故事

西番莲原产于巴西南部、阿根廷北部和巴拉圭一带，分布于热带和亚热带地区。相传很久以前在美洲印第安地区，掌管白天的天神之女西番莲，她性格阳光，美如花朵。一天晚上，西番莲辗转难眠，睁开眼睛，被清澈泉水旁出现的英俊少年所吸引，对他一见钟情，从此西番莲夜不能寐，时刻盼望着夜晚的来临，分分秒秒地计算着时间，渴望着与英俊少年的夜间相会。因此西番莲还有个别名为“计时草”。

百香果的主要品种

黄金百香果

满天星百香果

台农百香果

羊奶果

Elaeagnus conferta Roxb.

一 植物档案

羊奶果别称密花胡颓子、南胡颓子，胡颓子科胡颓子属多年生常绿攀缘植物。羊奶果的果实为椭圆形，因酷似山羊奶（乳头）而得名，成熟果为红色、黄色，表面粗糙，上被铁锈色鳞斑散生，果皮薄而难剥离，果点大而密，果肉鲜红色，酸甜适中，被人称为“浆果之王”。羊奶果原产于我国云南南部和广西南部，主要分布于我国海南、云南、广西等地，国外则主要分布于越南、马来西亚、印度等国。

二 植物有故事

我国栽培羊奶果至少有100年的历史。羊奶果适应性广，叶常绿，果实成熟时为一串串的鲜红色或金黄色，挂满树枝，视觉效果好。在云南傣族地区，多种植在傣家人房前屋后。果实成熟后可鲜食，也可将其用盐水洗净，拌上盐、白糖腌制多时食用，其味道酸中带甜，撒上辣椒粉腌制味道更佳。

佛手

Citrus medica var. sarcodactylis (Noot.) Swingle

一 植物档案

佛手别称佛手柑、广佛手，芸香科柑橘属，香橼的变种。其果实在成熟时因其果顶分裂，或张开状似观音手指，或握拳如如来拳头而得名。果皮鲜黄色，皱而有光泽，顶端分歧，果实肉白，无种子。佛手因其果形奇特可作观赏植物，此外佛手的花、果、叶均有一定的药用价值，具有和胃止痛、疏肝理气、祛湿化痰的功效，属于传统名贵中药，香味较香橼更浓，被大量制作成凉果食用。佛手原产印度，如今在美国、意大利、法国，以及东南亚等地区广泛栽植，在我国亦有着悠久的历史，以海南、广东、浙江、福建、四川等省为主产区。

二 植物有故事

佛手谐音为“福寿”，在我国被视为吉祥之物。传说很早以前，金华山有一对母子，因母亲久病缠身，孝顺的儿子便四处求医给母亲治病，久而无果，夜不能寐。有一日，他于梦中得到一位仙女的帮助，仙女赐给他一个犹如手指样的果子，给母亲一闻病就好了。醒来后他决心要找到梦中所见的果子。于是，他不辞辛苦、翻山越岭来到金华山寻觅。一位美丽的女子为他的孝心感动，飘然而至，赠予他一颗天橘果及能开金花、结满枝金果的天橘树苗，有了天橘果食用，母亲的身体很快恢复了健康。后来天橘树苗经过辛勤培植，开花结果遍及山村，福及乡民。因为所结的天橘果像观音的玉手，所以称之为“佛手”。

杨桃

Averrhoa carambola L.

扫描二维码
了解更多

一 植物档案

杨桃别称五敛子、阳桃、洋桃，酢浆草科五敛子属常绿乔木植物。其果实一般着生于树干或老枝或落叶后叶腋，具有热带雨林植物“老茎生花”现象；果实横切面呈星星形，又称之为“星梨”，未熟时绿色或淡绿色，熟时黄绿色至鲜黄色。杨桃果、根、叶和树皮均可入药，具有祛风热、生津止渴、利尿及解酒毒等作用。广州出产的“花地杨桃”曾扬名海内外，为当时的六大名果之一。杨桃依口味一般分为甜、酸两类，按果型的大小，甜杨桃又可分为普通甜杨桃和大果甜杨桃。杨桃原产于马来西亚、印度尼西亚，广泛种植于世界热带地区。我国海南、福建、广西、广东等省（自治区）是杨桃栽培的主要产区，其中福建产区占全国栽培面积的近一半。

二 植物有故事

岭南有佳果，佳果有杨桃。“花城有花地，花地有杨桃，翠绿鹅黄皮薄，爽甜汁多味好”，传说七仙女当年下凡夜游花地，帮助杨桃婶巧手造花饰，借来天上星挂树当灯照，天亮时着急走却落下了星星，于是，星星变成树上的果子。这种果子切开后像天上五角星闪耀，酸甜爽口，汁多味好。传说果子结在杨桃婶家，所以人们称之为“杨桃”。

金星果

Chrysophyllumcainito Linn.

一 植物档案

金星果别称牛奶果、星苹果，山榄科金叶树属乔木植物。果实为光滑的圆形或长圆形。未成熟时绿色，具白色黏质乳汁；成熟时紫色，果肉白色，半透明胶

状，味甜可口，宜鲜食，也可制成蜜饯，其本身没有特殊风味，但与柑、橙类果汁混合可制成风味独特的果汁饮料。金星果原产于加勒比海、西印度群岛，分布于热带美洲、东南亚国家等热带地区。20 世纪 60 至 70 年代从东南亚引入中国海南、广东南部、广西、福建、云南等地栽培。

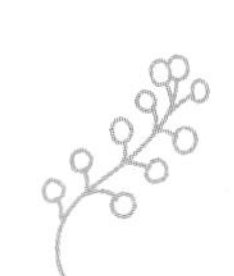

二 植物有故事

金星果是果树植物中的“两面派”。金星果树形优美，枝条软垂，叶面深绿光亮，叶背金黄色，因其叶片颜色正面深绿反面金黄色的反差常被人们戏称“两面派”。其独特的金黄色发亮叶片有一种碧果金叶四季常“金”的美感。将金星果的果实横切，其胞室自中心向四周辐射呈星状。因其果大如山苹果，故称“星苹果”。

油梨

Persea americana Mill.

扫描二维码
了解更多

一 植物档案

油梨别称鳄梨、牛油果，樟科鳄梨属常绿乔木植物。油梨果形为梨形、卵形或球形，果皮黄绿色或红棕色。主栽品种有 Hass、福尔特、Reed 等，国内中国热带农业科学院培育有“热选”“热油”“热特”等系列品种（系）。油梨富含不饱和脂肪酸、蛋白质，营养价值极高，是人们获取不饱和脂肪酸的极好来源，被誉为“最健康的水果”之一。同时，油梨具有降血脂、护心血管和肝脏的保健作用，其具有高能低糖的特性，是糖尿病患者最理想的食物。此外，油梨油与人体皮肤亲和性好，具有良好的护肤、防晒与保健作用，已作为关键成分广泛用于高档化妆品中。油梨原产中美洲和墨西哥，我国主要在海南、云南、广西等地种植。

二 植物有故事

据研究，油梨的存在可能已有百万年的历史。在早期进化过程中，油梨是猛犸象、乳齿象、雕齿兽等远古大型动物们的食物。大型动物生吞下一个油梨，吸收果肉的营养，种子排泄出体外，四处散播。相较于其他细小、可以通过鸟类或风吹而落地生根的种子，牛油果只能靠大型动物作为“种子搬运工”来帮助它们繁衍后代，这也使其无法像其他植物一样快速地扩展地盘，只能扎根中美洲地区。

15世纪末，西班牙殖民者将油梨带到了其他热带地区，其分布区域逐渐扩大。20世纪初，油梨的名字还是“alligator pears”（即鳄梨），因其外观像梨，深褐色粗糙不平的表皮像鳄鱼的鳞片，随后，源于墨西哥中部一个古老民族的语言阿兹台克语的新名字“Avocado”（油梨）出现了。

油梨的主要品种

热特 1 号

热选 3 号

罗汉果

iraitia grosvenorii (Swingle) C. Jeffrey ex A. M. Lu et Z. Y. Zhang

一 植物档案

罗汉果别称拉汗果、金不换、罗汉表，葫芦科罗汉果属多年生藤本植物。果实呈卵形、椭圆形或球形，表面褐色、黄褐色或绿褐色，有深色斑块及黄色柔毛，罗汉果以果实入药，具有清热润肺、利咽开音、滑肠通便等功效。被称为“东方神果”“长寿之神果”，享誉海内外，是我国特有的食药两用植物。罗汉果主要产于广西桂北地区，海南亦有种植。

二 植物有故事

相传有位瑶族农民上山砍柴时，发现在绿树丛里的藤蔓上长有一个如鸭蛋大小的果子，便采摘带回送给了一位叫罗汉的郎中。郎中经过研究试验，发现果子有化痰止咳的功效，于是将植物引种进行人工栽培。后来人们常用此果泡水泡茶饮用，发现其不仅能润嗓子，而且食之能使身体强健。人们为了纪念郎中罗汉，感恩他的研究发现，便将此果取名为“罗汉果”。

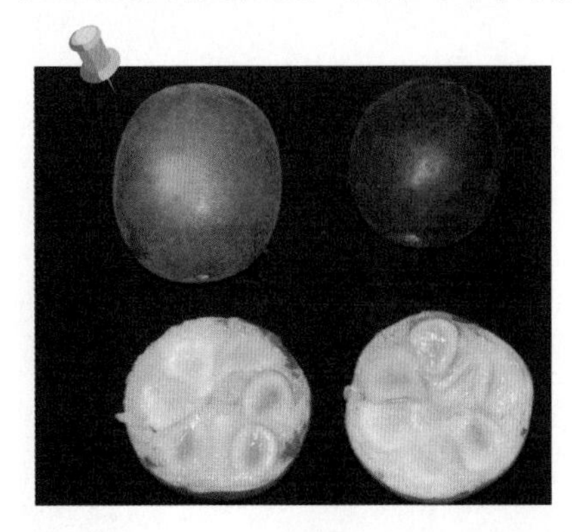

宋代诗人林用中曾著有《赋罗汉果》诗一首：“团团硕果自流黄，罗汉芳名托上方。寄语山僧留待客，多些滋味煮成汤。”南宋诗人张栻也曾赋诗赞美罗汉果：“黄实累累本自芳，西湖名字著诸方。里称胜母吾常避，珍重山僧自煮汤。”

荔枝

Litchi chinensis Sonn.

一 植物档案

荔枝别称丹荔、丽枝、火山荔，无患子科荔枝属常绿乔木植物。果实卵形至近球形，果皮成熟时通常为暗红色至鲜红色，有鳞斑状突起。果肉产鲜时为半透明凝脂状，味香美，但不耐储藏。我国荔枝种质资源极为丰富，有记载的品种（系）和单株达 200 个以上，在生产中大规模种植的早、中、晚熟品种有 20 多个。常见的品种有三月红、妃子笑、糯米糍、白糖罂、挂绿、无核荔枝等。荔枝与香蕉、菠萝、龙眼一同号称“南国四大果品”。荔枝原产于中国南方，栽培历史可追溯到汉代。分布于中国的西南部、南部和东南部，海南、广东和福建南部栽培最盛。亚洲东南部也有栽培，非洲、美洲和大洋洲有引种的记录。

二 植物有故事

荔枝在唐代号称“百果之中无一比”，有“百果之王”的美誉。据《唐国史补》载：“杨贵妃生于蜀，好食荔枝。南海所生，尤胜蜀者，故每岁飞驰以进。”杨贵妃喜欢荔枝，朝廷每年便专门安排岭南地区进贡上好的荔枝。《新唐书·杨贵妃传》：“妃嗜荔枝，必欲生致之，乃置骑传送，走数千里，味未变已至京师。”苏轼《荔枝叹》中写道：“十里一置飞尘灰，五里一堠兵火催。颠坑仆谷相枕藉，知是荔枝龙眼来。飞车跨山鹘横海，风枝露叶如新采。”沿途各省驿站备好骏马，像接力赛一样传递荔枝，不知跑死了多少马匹。后才有晚唐诗人杜牧《过华清宫绝句三首》，其中名句“长安回望绣成堆，山顶千门次第开。一骑红尘妃子笑，无人知是荔枝来”流传千古。

Litchi chinensis Sonn.　荔枝

香蕉

Musa acuminata (AAA)

一 植物档案

香蕉别称蕉子、蕉果、甘蕉，芭蕉科芭蕉属高大草本植物。香蕉果身弯曲，略为浅弓形，果棱明显，果柄短，果皮青绿色。在高温下催熟，其果皮呈绿色带黄，在低温下催熟，果皮则由青变为黄色，并且生麻黑点（即“梅花点”）。香蕉的果肉松软，黄白色，味甜，无种子，香味特浓。香蕉因其果肉具有润肠通便、提高机体免疫力、保护心血管、抗氧化、治疗抑郁症等众多功效，被誉为新的“水果之王”。常见的品种有巴西蕉、南天黄、红香蕉、皇帝蕉、热粉1号、中热1号、宝岛蕉等，中国热带农业科学院培育的品种有热粉1号、中热1号、宝岛蕉。香蕉原产自亚洲东南部，贸易量位居全球农产品第四，在水果市场上占据十分重要的地位。中国是世界上最早栽培香蕉的国家之一，现我国海南、云南、广东、广西等地均有种植。

二 植物有故事

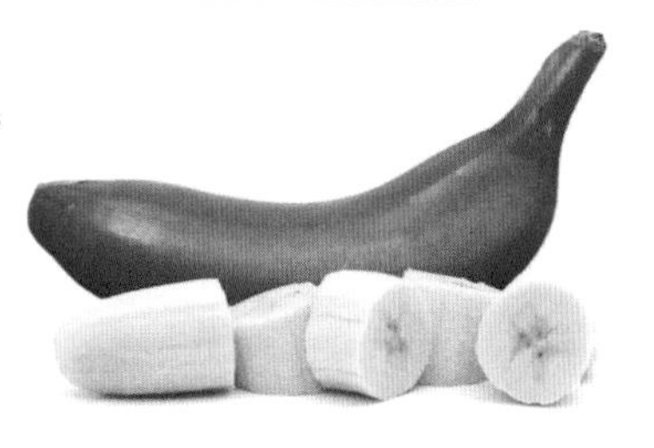

据历史考证，在4 000多年前希腊已有文字记载香蕉。公元3世纪，亚历山大远征印度时发现了香蕉，此后才传向世界各地。汉武帝建立扶荔宫，收集天下奇花异木，其中就包括香蕉。古印度和波斯民间认为，金色的香蕉乃是“上苍赐予人类的保健佳果”。

香蕉主要品种

巴西蕉

宝岛蕉

大蕉

红蕉

皇帝蕉

热粉1号

中热1号

柚子

Citrus maxima (Burm.) Osbeck

扫描二维码
了解更多

一 植物档案

柚子别称雪柚、柚，俗称团圆果，芸香科柑橘属乔木植物。在众多的秋令水果中，柚子“个头”最大，单果一般都在 1 千克以上，因其皮厚耐藏，存放 3 个月而不失香味，故有“天然水果罐头”之称。柚子清香、酸甜、凉润，营养丰富，可以健胃、润肺、补血、清肠，能够促进伤口愈合，对败血症等有一定的治疗作用。柚子含有生理活性物质皮苷，所以可降低血液的黏滞度，减少血栓的形成，对脑血管疾病有较好的预防作用。柚子果实可供生食或加工，果皮可制蜜饯或作柚子茶茶饮，花、叶、果皮均可提取芳香油。柚子产于我国海南、福建、江西、湖南、广东、广西、浙江、四川等南方地区，常见的品种有蜜柚、沙田柚等。

二 植物有故事

柚子外形浑圆，象征团圆之意，所以也是中秋节的应景水果。柚子的“柚”和庇佑的“佑”同音，柚子即佑子，被人们认为有吉祥的含义。传说一位孝子所在的村子许多人发生便秘、胸闷、腹胀难消的疾病。他的母亲也不幸染病，他便上山寻找良药，却始终难寻。一日，在寻药未果，疲惫至极之时，他发现一株树上结满了卵圆形的果实，便采下食用，果实果汁丰富，吃后精神振奋。他万分欣喜，赶忙采摘带回让母亲食用，母亲吃了果子后病很快就好了。于是，他便种了很多这种水果，分送给乡亲们。因为这位孝子名叫阿由，所以人们就称他带回的水果叫“柚子”。

神秘果

Synsepalum dulcificum (Schumach. & Thonn.) Daniell

扫描二维码
了解更多

一 植物档案

神秘果别称变味果、奇迹果、甜蜜果，山榄科神秘果属常绿灌木植物。原产于热带西非加纳、刚果等国，我国在20世纪60年代引入，目前在海南、云南及广西等亚热带和热带地区种植。神秘果果实为椭圆形，长1.5～2厘米，果皮成熟前为绿色，成熟后鲜红，果肉较薄，乳白色，味清甜，内含有神秘果蛋白，在食用果肉后的一定时间内，再食用任何酸性水果会感觉酸味变成甜味，故名神秘果。成熟的神秘果实可以生食，或制成果汁、浓缩锭剂等，也可用于调味。此外它还有药用价值，对于“三高”（高血脂、高血糖、高胆固醇）、痛风、头痛等具有一定的作用。

二 植物有故事

“含嫣红果挂枝头，香沁心田，景醉双眸”，说的就是神秘果。神秘果内含有一种叫“神秘果素”的糖蛋白成分，俗称“变味素”的物质，能够改变人的味觉，引起人的味觉神经末梢对食物味道反应发生变化，产生增甜的作用。神秘果称得上是一种集趣味性、观赏性和食用性于一体的植物。20 世纪 60 年代，加纳共和国把神秘果作为国礼送给到访的我国领导人，之后，其就被种植在海南热带植物园内。此后，神秘果在我国开始栽培。神秘果是一种国宝级的珍贵植物，在西非各国和我国均受到保护，禁止出口。

柠檬

Citrus limon(L.) Osbeck

一 植物档案

柠檬别称柠果、洋柠檬，芸香科柑橘属常绿小乔木植物。柠檬的果实椭圆形或卵形，顶端有明显乳状突起，成熟果实黄色，果汁酸至甚酸。主要品种有尤力克、香水柠檬、费米耐劳和里斯本等。柠檬的果实含有丰富的维生素C和柠檬酸，因此被誉为“柠檬酸仓库”。丰富的维生素C具有抗氧化作用，因此其营养、美容和药用价值引起人们越来越多的关注。柠檬原产东南亚，主产国为中国、意大利、希腊、西班牙、美国以及欧洲南部国家。在我国种植区集中于海南、四川安岳和内江、云南瑞丽。

二 植物有故事

柠檬为柑橘家族三大元老之一香橼和酸橙的杂交后代，起源于东南亚，在公元 7 世纪左右先后引入到中亚，11 世纪阿拉伯人将其传入欧洲，1492 年哥伦布发现美洲大陆后，包括柠檬在内的柑橘家族植物随新航线进入美洲各地。15 世纪时，欧洲的冒险家们纷纷乘船争夺殖民地，然而在航行途中，海员们经常被瘟神似的维生素 C 缺乏病侵袭而失掉生命。1747 年，英国的皇家海军的外科医生在治疗患病的海员时，发现在食物中添加柠檬汁可以有效减少维生素 C 缺乏病的发生。后来，英国海军出海期间要求船员每天定量服用柠檬水，维生素 C 缺乏病就此逐渐消失，船员们的生命也得到了保障，可以说，柠檬在大航海时代对人类健康做出了巨大贡献。

柠檬的主要品种

香水柠檬

尤力克

莲雾

扫描二维码
了解更多

Syzygium samarangense (Bl.) Merr. et Perry

一 植物档案

莲雾别称洋蒲桃、天桃、水蒲，桃金娘科蒲桃属乔木植物。其果实一般着生于树干或老枝，具有热带雨林植物“老茎生花”现象。果实梨形或圆锥形，肉质，发亮，顶部凹陷，有宿存的肉质萼片，果皮有乳白、青绿、粉红至深红色。常见品种有香水、印尼大叶、紫红、黑金刚、翡翠、青钻等。莲雾具有较高的营养价值，果实水分含量高，在食疗上有解热、利尿、宁心安神的作用。原产于马来半岛及安达曼群岛，是典型的热带果树，在马来西亚、印度尼西亚、菲律宾普遍栽培。在海南、福建、广东、广西等地均有商业栽培，云南、四川和贵州等省也有少量引种栽培。

二 植物有故事

因为洋蒲桃在当地的印尼语中叫“Jambu air”，使用闽南语音译为“莲雾”，故得名。在马来西亚称其为“水翁”，马来西亚人一般是把莲雾切开后蘸酸梅粉吃。

Syzygium samarangense (Bl.) Merr. et Perry　莲雾

面包果

Artocarpus communis J. R. Forst. et G. Forst.

扫描二维码
了解更多

一 植物档案

面包果是面包树的果实。面包树为桑科波罗蜜属常绿乔木植物。面包果为聚花果，椭圆形或球形，大小不一，大的如足球，小的似柑橘，最重可达20千克。未成熟时，其外观为黄绿色果，肉呈白色，较适合煮食。成熟时呈橙黄色，并分泌乳液，内含核果，果肉疏松，熟果味甜，可鲜食。面包果可以煮、蒸、烤着吃，口感酥软味如面包，果粮两用，有“树上的面包”之美称。面包果富含淀粉，是还原糖、蛋白质、维生素、膳食纤维和矿物质锌、铁的重要来源，既可作为特色热带高效水果种植，也可作为南方的粮食作物产业开发。面包树原产于南太平洋的波利尼西亚和西印度群岛，我国海南的万宁、保亭、儋州等地有种植。

二 植物有故事

在波利尼西亚等地区，面包果已经完全融入了当地的各种文化艺术中，作为一种文化符号薪火相传。在波利尼西亚地区有传统习俗，每当一个家庭有小孩降生时，就要为他（她）种下一棵面包树，这样便可确保小孩一生衣食无忧。在当地，婚配嫁娶也有这样的传统，出嫁新娘的嫁妆中，面包果树苗竟然是必需品之一。在萨摩亚则有这样一个说法，当地男人只要种下 10 棵面包树，那么他的一生就完成了对自身家庭以及下一代的责任。而 1 ～ 2 棵面包树的果实就足够提供一个人一整年所需的食物。

波罗蜜

Artocarpus heterophyllus Lam.

一 植物档案

波罗蜜别称木菠萝、包蜜，桑科波罗蜜属常绿乔木植物。波罗蜜聚花果椭圆形至球形，或不规则形状，长 30 ～ 100 厘米，直径 25 ～ 50 厘米，幼时浅黄色，成熟时黄褐色，表面有坚硬六角形瘤状凸体和粗毛，果实巨大，最重超过 50 千克，是世界上最重的水果之一，果实着生于树干，具有典型热带茎生特征。波罗蜜分为干苞和湿苞 2 种类型，主要栽培品种有：马来西亚 1 号，香蜜 1 号、17 号及泰国 8 号、12 号等。波罗蜜富含糖类、蛋白质、B 族维生素、维生素 C、矿物质、脂肪等，并能改善局部血液、体液循环，有一定的药用价值，素有“热带珍果”之称。波罗蜜原产印度，我国至今已有一千多年的引种栽培历史，在海南、广东、广西和云南等地均有种植。

二 植物有故事

据明代《琼州府志》记载，“波罗蜜树自萧梁时西域过司空携子二枚栽于南海庙……他处皆自此发布”，“波罗蜜有干、湿苞二种，剖之若蜜，其香满室，出临高者佳，间有根结，‘地裂香出’尤美”，李时珍的《本草纲目》中记载：“波罗蜜生交趾、南番诸国，今岭南、滇南亦有之。内肉层叠如橘，食之味至甜美如蜜，香气满室。瓤韦，甘、香、微酸，止渴解烦，醒酒益气，令人悦泽。核中仁，补中益气，令人不饥轻健。”说明在我国波罗蜜种植历史悠久，海南、广东、广西和云南均栽培千年以上，这种果实果肉香甜可口，食药同源，种子可做粮食替代品，是南方木本粮食之一，还能够发挥一定的“备荒”作用。

波罗蜜的主要品种

红肉品种

黄肉品种

黄皮

Clausena lansium (Lour.) Skeels

扫描二维码
了解更多

一 植物档案

黄皮别称黄弹、黄弹子、王坛子，芸香科黄皮属小乔木植物。其果实成穗，果形圆形或椭圆。主栽品种有鸡心黄皮、无核黄皮、褐皮黄皮、紫皮紫肉黄皮等。在我国有民间谚语云："饥食荔枝，饱食黄皮。"黄皮果具有促进消化的功效，以果形分，有圆球形、椭圆形、阔卵形。原产于中国南部，海南、福建、广西、广东、贵州南部、云南及四川金沙江河谷等地均有栽培，已有 1 500 年栽培历史，为中国南方特有的优稀药食同源水果。

二 植物有故事

据民间野史相传，春秋时越王勾践曾于王霸坛祭神，看到祭坛旁有一种不知名的黄色浆果，遂以“王坛子”命名。在《太平御览》中记载：“王坛子，如枣大，其味甘。晋安侯官越王祭坛边有此果。无知其名，因见生处，遂名王坛。其形小于龙眼，有似木瓜。”唐代诗人周朴寓闽期间，曾作有《王霸坛》一诗，可见王霸坛是在闽域内，大概是古越国的属地。另外，黄皮果的皮色黄澄澄的，光彩灼灼如金丸，古人又根据“王坛子”一名生发出同音的“黄弹子”之名。南宋张世南的《游宦纪闻》记述，果中有黄澹子，除了闽广，为他处所无。“黄澹子”则又是“黄弹子”的演变。

蛋黄果

Pouteria campechiana (Kunth) Baehni

一 植物档案

蛋黄果别称狮头果、蛋果、仙桃，山榄科果榄属（蛋黄果属）多年生常绿小乔木植物。其果实有球形、桃形、长卵形、纺锤形。果实成熟时为橙黄色或橙红色，皮薄光滑，果肉柔软，像煮熟鸡蛋的蛋黄，故得名。蛋黄果含有丰富的营养物质及人体必需的 17 种氨基酸，具有帮助消化、化痰、补肾、提神醒脑、活血强身、镇静止痛、减压降脂等方面的功效。常见的品种有云热－205，仙桃 1 号、仙桃 2 号。蛋黄果原产古巴和北美洲热带，分布于中南美洲、印度东北部、缅甸北部、越南、柬埔寨、泰国。我国在 20 世纪 30 年代引入，目前海南、广东、广西、云南和福建等热带及南亚热带地区有零星种植。

二 植物有故事

20 世纪 60 年代，郭沫若访问中国热带农业科学院南亚热带植物园时，将其从古巴带回来的一颗玛美种子赠予中国热带农业科学院南亚热带作物研究所，并赋诗一首：

木瓜累累结株头，初见油棕实甚稠。

茅草香风飘万里，橡胶浆乳创千秋。

咖啡粒分大中小，玫瑰茄供麻饵油。

玛美一枚烦种植，他年硕果望丰收。

诗中的“玛美”就是“蛋黄果”。2012 年，时任南亚所所长向记者讲述，当年郭老赠送的那枚种子早已发芽，成长后，已结出累累硕果。”没有辜负诗中那句“玛美一枚烦种植，他年硕果望丰收。”

猕猴桃

Actinidia chinensis Planch

一 植物档案

猕猴桃别称奇异果、猕猴梨、毛木果，猕猴桃科猕猴桃属植物。其果形一般为椭圆状，早期外观呈黄褐色，成熟后呈红褐色，表皮覆盖茸毛，果肉呈亮绿色，内有黑色或红色的种子。主要品种为美味猕猴桃和中华猕猴桃。美味猕猴桃枝干和果实外表皮覆有茸毛，中华猕猴桃枝干和果实外表皮比较光滑。猕猴桃因其营养价值远超过其他水果被誉为“水果维生素 C 之王”。原产于中国湖北宜昌市夷陵区雾渡河镇，在海南亦有种植。20 世纪 70 年代初由我国引入新西兰，除新西兰外，智利、意大利、法国、日本等国均有种植。

二 植物有故事

猕猴桃的历史渊源可以追溯到 2 000 多年前《诗经·桧风》记载："隰（xí）有苌（cháng）楚，猗傩（yī nuó）其枝，夭之沃沃，乐子之无知"。"苌楚"就是现在的猕猴桃。除诗经外，在《尔雅·释草》中也有关于苌楚的记载，东晋著名博物学家郭璞更是把它定名为"羊桃"。而"猕猴桃"最早出现于唐代诗人岑参《太白东溪张老舍即事，寄舍弟侄等》诗中"中庭井阑上，一架猕猴桃"。以后历代本草志书中均有猕猴桃食用和药用的记载，如唐《本草拾遗》、宋《开宝本草》及《证类本草》。宋代药物学家寇宗奭（shì）在《本草衍义》中记述："猕猴桃，今永兴军（在今陕西）南山甚多，食之解实热……十月烂熟，色淡绿，生则极酸，子繁细，其色如芥子，枝条柔弱，高二三丈，多附木而生，浅山傍道则有存者，深山则多为猴所食。"也有说法是因为果皮覆毛，貌似猕猴而得名。元朝时有《日用本草》载："猕猴桃又名阳桃、木子……"明代著名医学家李时珍在其著作《本草纲目》中提到猕猴桃的形、色时这样描述：其形如梨，其色如桃，而猕猴喜食，故有诸名。

苹婆

Sterculia monosperma Vent.

扫描二维码
了解更多

一 植物档案

苹婆别称凤眼果、九层皮、七姐果，梧桐科苹婆属常绿乔木植物。苹婆原产于我国南部，有近千年的栽培历史，是我国较古老的观赏和干果兼用果树，主要分布于海南、广东、广西、福建、云南、贵州等地区。其果实分为四五个分果，外面暗红色，内面漆黑色。种子可供食用，其种仁富含淀粉、蛋白质、脂肪、维生素、多酚、氨基酸、微量元素等多种营养成分。种子煨熟味似板栗，可制作糕点、煲汤或作烹饪配菜，在广东常作为名肴配料，如苹婆仁烧肉、苹婆仁烧鸡等，被誉为高级宴席名菜。苹婆在广西石灰岩山区有“木本粮食”之称。是极具开发潜力的木本粮食植物、热带干果类果树资源。

二 植物有故事

苹婆其名来自梵语，相传由唐代三藏法师从西域传入，并因七月初七是牛郎与七姐相聚日，我国部分地区习俗中将苹婆果实作为七姐诞的祭品，所以又称之为“七姐果”。在民间传说中，苹婆树是“神树”，无论男女老幼受凉、高温中暑，可用其叶泡水洗身，干叶泡茶饮用。

番木瓜

Carica papaya Linn.

扫描二维码
了解更多

一 植物档案

番木瓜别称木瓜、万寿果，番木瓜科番木瓜属多年生大型草本植物。番木瓜浆果肉质，成熟时橙黄色或黄色，长圆球形，倒卵状长圆球形，梨形或近圆球形，果肉柔软多汁，味香甜。番木瓜素有“岭南佳果”的美誉、百益果王之称。原产于南美洲，起源于墨西哥，主要生产国有印度、墨西哥、巴西等。17 世纪末《岭南杂记》记载我国栽培番木瓜有 300 多年历史，目前以海南、广东、广西、云南等省（自治区）有大面积栽培。

二 植物有故事

番木瓜果、叶中含有一种低特异性水解木瓜蛋白酶，具有水解肌纤维膜和肌原纤维蛋白质作用，故其作为肉类嫩化剂，在食品、日用品、药物开发等领域均有着广泛的应用潜力。在热带美洲，原住民自古以来一直利用番木瓜的绿叶包裹肉类过夜后再蒸煮，或将叶与肉类共煮，以便使肉类的质地变软。人们在煮食牛肉时，喜欢将番木瓜掺到牛肉中，这样，牛肉很快就会煮烂，而且吃起来鲜嫩，容易消化。有健胃化积、驱虫消肿的功效。因此成熟的番木瓜是一种比较理想的饭后水果。早在 15 世纪，哥伦布就发现，加勒比海地区的当地人常在进食大量的鱼和肉之后，吃一些番木瓜果甜点，防止消化不良。

番石榴

Psidium guajava Linn.

一 植物档案

番石榴别称芭乐、鸡屎果、拔子、喇叭番石榴，桃金娘科番石榴属乔木植物。番石榴为浆果，呈球形、卵圆形或梨形，果肉白色及黄色。主要栽培品种为珍珠番石榴、红心番石榴（西瓜芭乐）、水晶无籽番石榴等。其果肉富含丰富的营养成分，其中蛋白质和维生素C的含量特别高，具有很高的营养价值和药用价值。番石榴原产于美洲热带的墨西哥、秘鲁、巴西及西印度群岛一带，传入我国已有300多年历史，目前我国海南、福建、广东、广西、云南等省（自治区）均有栽培。

二 植物有故事

在某些国家，“番石榴”有“公义”和“和平”的双重含义。

番荔枝

Annona squamosal L.

一 植物档案

番荔枝别称佛头果、释迦果、番梨、番妻子，番荔枝科番荔枝属小乔木植物。果实着生于树干或落叶后叶腋，具有热带雨林植物“老茎生花”特征，果实近于球形，果外形酷似荔枝，故名“番荔枝”。成熟时颜色为黄绿色，外有菱状突起。充分成熟时，菱状果皮会裂开，露出洁白、蜜甜、多汁的果肉。常见的品种有牛心番荔枝、凤梨释迦、刺果番荔枝。主栽品种为AP番荔枝、凤梨释迦、吉夫纳番荔枝等。果肉富含蛋白、脂肪、糖类等，具有补脾胃、清热解毒、杀虫之功效以及激活脑细胞等保健作用。原产美洲地区，现全球热带地区均有种植，我国引种时间已有数百年历史，主要在海南、广东、广西、云南等地种植。

二 植物有故事

番荔枝传入我国大约有400年的历史。《岭南杂记》《植物名实图考》中均有记载。由于果实表皮有菱形疣状鳞目，与我国原产的荔枝外皮相似，又是外来品（番夷引入），故称番荔枝（番鬼荔枝），又因其表皮呈鳞目状仿若佛头，所以又常被称为“佛头果”或“释迦果”。广东番荔枝栽培以澄海樟林最早，据考证为200多年前旅泰华侨传入，而东莞虎门的番荔枝为100年前华侨传入。

Annona squamosal L.　番荔枝

腰果

Anacardium occidentalie Linn

扫描二维码
了解更多

一 植物档案

腰果树别称槚如树，腰果也称鸡腰果，腰果树为漆树科腰果属灌木或小乔木植物。腰果的果实分为假果和真果。假果是由花托形成的，肉质肥大，呈梨形或圆锥形，形似梨子，俗称腰果梨，成熟果皮有金黄色、红色、橙色，果肉质地柔软，香甜多汁，可制果汁、果酱、果脯及用于酿酒；真果是在腰果梨上端生长的，形似肾脏，也就是我们常说的腰果，富含碳水化合物、蛋白质、不饱和脂肪，其中维生素 B_1 的含量仅次于芝麻和花生，是世界四大著名坚果之一，具有很高的营养价值。腰果原产于巴西，现已遍及东非和南亚各国，其中印度、巴西、越南等国种植面积较大。我国主要在海南、云南、广西等地种植。主要分为黄色果梨、橙色果梨和红色果梨等品种。

二 植物有故事

南美洲是腰果的故乡，在巴西、墨西哥、秘鲁和巴拉圭的热带雨林中都有腰果树的分布。巴西原住民种植腰果的历史可以追溯到远古时代。在巴西的民间传说中，腰果树是天神赐给人类的“神树”。每当腰果收获的季节，以腰果为主食的当地部族都要举行盛大庆典，将最大最美的腰果献给天神。这种隆重的祭祀仪式至今仍在巴西一些地区流行。

榴莲

Durio zibethinus L.

一 植物档案

榴莲别称韶子、麝香猫果，木棉科榴莲属乔木植物。其果实着生于树干或老枝，具有典型热带雨林植物“老茎生花”特征。榴莲果实果皮坚实，密生三角形刺；果肉是由假种皮的肉包组成，肉色淡黄，黏性多汁。榴莲果肉中富含蛋白质、脂肪、碳水化合物，同时含有丰富的维生素、矿物质元素，营养价值极高，并具有药用和保健作用，为食药同源水果。主要栽培品种有金枕、猫山王、干尧、黑刺等品种。榴莲原产马来西亚，东南亚一些国家种植较多，其中以泰国最多。榴莲在泰国最负有盛名，被誉为“水果之王”。我国海南省和云南省的部分地区有少量种植。

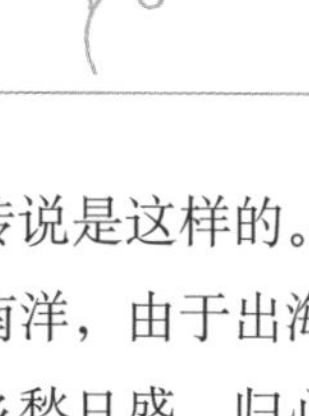

二 植物有故事

关于榴莲的得名，有一个传说是这样的。明朝三宝太监郑和率船队三下南洋，由于出海时间太长，船员们思乡心切，乡愁日盛，归心似箭。有一天，郑和在岸上发现一种奇异果子，就带回几个同大伙一起品尝，许多船员吃后对这种水果称赞不已，竟把思乡的念头一时淡化了。有人问郑和：“这种果子叫什么名字？”他随口答道：“流连。”榴莲与流连同音，后来人们就将它称为“榴莲”。

榴莲蜜

一 植物档案

榴莲蜜别称尖蜜拉、尖百达、小波罗蜜，桑科波罗蜜属乔木植物。原产于马来半岛，在马来半岛和泰国南部分布很广，中国海南、福建、广西、云南有少量栽培。其果实着生于树干或老枝，具有典型热带雨林植物“老茎生花”特征。果实呈不规则的椭圆形，果皮有软刺，成熟果实种子周围的果肉可以食用，果肉独特可口，香味浓郁，既保存了波罗蜜的香甜，又具有榴莲的风味。榴莲蜜果肉富含碳水化合物、蛋白质、膳食纤维和矿物质。

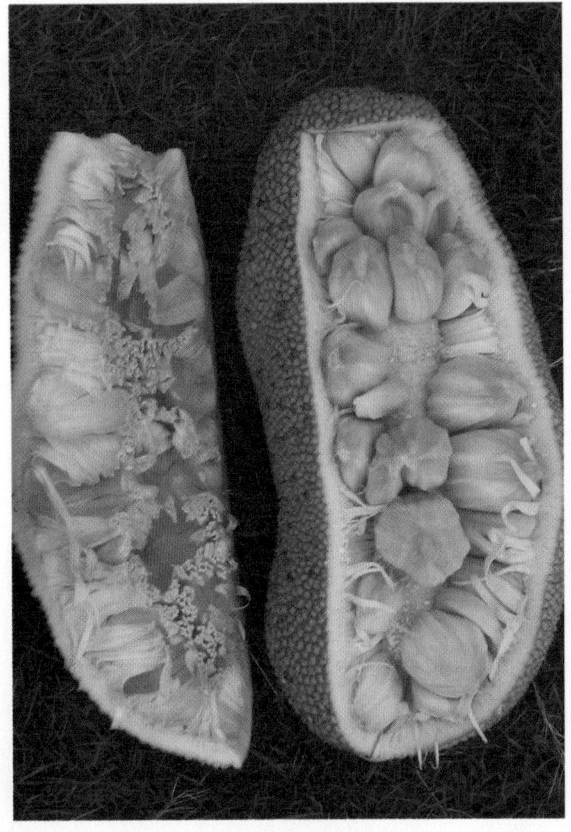

二 植物有故事

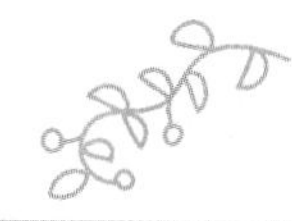

20 世纪 60 年代，中国热带农业科学院先后多次从国外引种榴莲蜜试种，经过多年驯化研究并获得成功，在南方地区能开花结果。大家的认知上存在着榴莲蜜是榴莲与波罗蜜杂交而来的误区，其实榴莲是木棉科果树，榴莲蜜是桑科果树，由于其果实果肉具有浓香的榴莲味道，因而常被人们称为榴莲蜜。

酸橘

Citrus reticulata Blanco

一 植物档案

酸橘别称酢橘、酸橘，芸香科柑橘属常绿小乔木。因其味酸而得名。果子生时为青绿色，成熟后转为黄绿色。酸橘果汁有较强的酸味，所以不能直接食用，但其果皮有特有的清爽香气，青果即可采摘，果汁主要做饮料，代替柠檬或者与柠檬搭配，比如酸橘柠檬茶、老盐柠檬水、老盐百香果等都会放入，酸甜味饮品加酸橘风味更佳；另外作为蘸料，酸橘能代替食醋，酸爽过瘾，与蒜蓉、辣椒、酱油、沙姜等混合是南方白切鸡（鸭、鹅）等菜品的天然“灵魂”蘸料。我国酸橘产地主要在海南、广西、广东等地。

二 植物有故事

海南四季如春，阳光充足，气温适宜，酸橘树一年四季都能开花结果，成熟的果实还未摘掉，新的花果又长起来了。成熟的大果、新长出来的小果和刚开的花朵同时挂在树枝上，犹如祖（公）孙三代同堂，所以海南人也称酸橘为公孙橘。作为野生品种，酸橘在广东省被用作柑橘的砧木历史悠久，有“千秋万代酸橘好”之说。

酸角

Tamarindus indica L.

一 植物档案

酸角别称酸豆、酸梅、罗望子，苏木科酸豆属常绿乔木植物。酸角果实为果荚果肉，颜色为棕黑色，荚果圆柱状长圆形，肿胀，棕褐色，长 5 ～ 14 厘米，直或弯拱，常不规则地缢缩。果肉中含丰富的还原糖、有机酸、果酸、矿物质、维生素和多种芳香物质及蛋白质、脂肪等。可直接生食，酸甜可口；可入菜提味；还可加工生产营养丰富、风味特殊、酸甜可口的高级饮料和食品；能清热解暑，生津止渴，消食化积。酸角原产于非洲热带，现全世界热带地区均有栽培。我国海南、云南、四川、广东、广西、福建等省（自治区）常见，但均呈零星的野生或半野生状态。川滇两省境内的金沙江干热河谷是我国酸角主产区。

二 植物有故事

民间流传着关于千年酸角王的传说。“酸角王”古树据考证植于隋朝时期，距今约有一千七百年的历史，当地人称之为“树王”。据说，几百年前，雷丁村旧址依此树而建，后来此树被千年蛇妖盘踞，蛇妖不时残害人畜，致使村民难以在树下安住，有了移迁之意。村民们向上天祈祷雷神收复蛇妖，激战多时，蛇妖终于被雷火击毙，神树也因雷火击烧内部中空。雷神收得蛇妖后，神仙派树神长居此树，庇佑当地村庄。从此，雷丁村风调雨顺，村泰人安。在如今的雷丁村村口，一棵巨大的金色酸角树伫立于此。成了当地的一种象征、一种精神寄托。

Tamarindus indica L.　酸角

澳洲坚果

Macadamia ternifolia Maiden et Betche

扫描二维码
了解更多

一 植物档案

澳洲坚果别称夏威夷果、昆士兰栗，为山龙眼科澳洲坚果属高大乔木植物的果实。果实着生于树干或老枝，具有典型热带雨林植物“老茎生花”特征。澳洲坚果呈圆球形，果皮革质，内果皮坚硬，种仁米黄色至浅棕色。主要栽培品种为南亚 116 号、南亚 3 号和 922 等。澳洲坚果富含不饱和脂肪酸、蛋白质等营养物质，并具有降血脂、控血压的保健作用，素来享有“干果皇后”“干果之王”的誉称。原产于澳大利亚的昆士兰州和新南威尔士州，美国、澳大利亚、肯尼亚等为主要种植国。我国大约在 1910 年引入，主要在海南、云南、广西、广东等地种植。

二 植物有故事

据说，19 世纪中期著名植物学家费尔南迪·凡·缪勒和澳洲布里斯班植物园主任沃特·希尔在土澳东北部昆士兰州的低地雨林，发现了一种结着坚果的高大果树，给它命名为 Macadamia integrifolia，即澳洲坚果树。19 世纪末澳洲坚果树传到夏威夷，起初长势凶猛，当地人试图用来当作防风固土的植被，然而其根系比较短浅，难以防风固土，反而其果仁吃起来美味可口。经过一代又一代的研究和培育，夏威夷成了澳洲坚果的主产地之一，所以成就了现在更广为人知的另一个名字“夏威夷果”。

橙子

Citrus × aurantium (Sweet Orange Group)

扫描二维码
了解更多

一 植物档案

橙子别称橙、黄橙、金橙，芸香科柑橘属灌木植物。其果扁圆或近似梨形，果顶有环状突起及浅放射沟，蒂部有时也有放射沟，果皮粗糙，凹点均匀，油胞大，皮厚，淡红色。果肉含有大量的糖和一定量的柠檬酸以及丰富的维生素，酸甜可口，营养丰富，可鲜食或榨汁饮用，老少皆宜。常见的品种有甜橙、脐橙、血橙、冰糖橙等，在海南以地方命名的品种为“琼中绿橙”“福山福橙”。原产于我国东南部。橙子是世界四大名果之一，我国南方各省均有分布，尤以海南、江西、四川、广东等省栽培较为集中。

二 植物有故事

橙子为柑橘家族的三大元老中宽皮橘和柚子的杂交后代，早在公元前 2500 年，我国开始种植橙子。南宋的《橘录》是国内最早的柑橘专著，第一次将柑橘类大家族区分为柑、橘、和“橙子之属类橘者”三大类。14 世纪以前，葡萄牙商人将中国的优良甜橙传入欧洲，后又随着哥伦布发现美洲大陆带入美洲各地。1820 年巴西的一个修道院里，一棵普通的甜橙树由于极小概率的自然突变，长出了顶部呈开裂状的果子，而且果实香甜可口，无籽，格外美味，因开裂的顶部形同肚脐眼而得名“脐橙”。1870 年在美国脐橙第一次被嫁接成功，起名“华盛顿脐橙”，20 世纪初，中国的甜橙在异地他乡变异为脐橙后，通过数次引种栽培重新回到中国。

木奶果

Baccaurea ramiflora

一 植物档案

木奶果别称山萝葡、木荔枝、大连果、树葡萄、火果、树奶果，叶下珠科木奶果属常绿乔木。其果实着生于树干或老枝，具有典型热带植物茎生特征。浆果状蒴果卵状或近圆球状，长 2 ～ 2.5 厘米，直径 1.5 ～ 2 厘米，黄色后变紫红色，内有种子 1 ～ 3 颗。分布于印度、缅甸、泰国、越南、老挝、柬埔寨、马来西亚和中国。在我国主要分布于广东、海南、广西和云南海拔 1 000 ～ 1 300 米的山谷、山坡林地。木奶果树是一种集食用、药用、观赏为一体的多用途树种。可鲜食，也可以制作果酱，是极具特色的原生态热带野生水果。木奶果叶、根、果皮均可入药，可止咳平喘、解毒止痒，果实提取物倍半萜内酯具有抗肿瘤的作用。木奶果树树形美观，适用于做行道树，具有独特园林景观价值。

二 植物有故事

木奶果树作为园林景观植物在风景区的庭院或草坪上群植，果与人有亲近性，游客会因好奇趋前观赏，适宜举办摄影与绘画活动。

薜荔

Ficus pumila L.

扫描二维码
了解更多

一 植物档案

薜荔别称冰粉子、凉粉果、凉粉子，桑科榕属攀缘或匍匐灌木。其叶卵状椭圆形。薜荔主要分布于我国东南部，除西北、华北偶见栽培，其余地区常见野生。生长在海拔 300 ~ 1 200 米的村寨附近或墙壁上。薜荔花序托中瘦果加工成凉粉食用，是中国南方民间传统的消暑佳品；茎、叶供药用，有祛风除湿、活血通络作用，常用来治腰腿痛、乳痛、疮节等；藤蔓柔性好可用来编织和作造纸原料。

二 植物有故事

我国古代诗人钟情于薜荔，在他们的诗作中经常可以看到薜荔的身影。尤其是伟大的爱国诗人屈原，更偏爱这种植物。他在《九歌・山鬼》中有“若有人兮山之阿，被薜荔兮带女萝”的诗句，描绘了一位美丽婀娜的山鬼形象，她（山鬼）身披薜荔，腰束松萝，楚楚动人。这一形象至今深入人心，有着强大的生命力，成为美术作品的经典题材。薜荔是古代诗歌中常见的意象。薜荔耐贫瘠，抗干旱，适应性强，一般以野生的形态攀爬于崖壁、大树以及断墙残壁、古桥和荒废的老宅等地方，给人以沧桑荒芜之感，因而古代诗人常常用薜荔来营造寂寞、凄楚、悲凉的氛围。

柳宗元在《登柳州城楼寄漳汀封连四州》中吟道：“惊风乱飐芙蓉水，密雨斜侵薜荔墙。”芙蓉出水，何碍于风，而惊风仍要乱；薜荔覆墙，雨本难侵，而密雨偏要斜侵。薜荔在寂寞中生长，延伸着碧绿的藤蔓，任凭风吹雨打，依然绿意盎然，活出自己的精彩，因而古代诗人常借薜荔象征高洁的人品。屈原《离骚》中有“掔木根以结茝兮，贯薜荔之落蕊”的诗句，借薜荔来象征人格的美好与芳洁。孟郊《送豆卢策归别墅》中有“身披薜荔衣，山陟莓苔梯”的诗句，隐士身穿用薜荔的叶子制成的衣裳，表明自己有高雅的志向，不与世俗同流合污。

中央级公益性科研院所基本科研业务费专项（项目名称：特色热带植物创新文化研究，项目编号：1630012022015）和国家大宗蔬菜产业技术体系花卉海口综合试验站专项资金（CARS-23-G60）资助